Smail Lamine

Ecologia geral

Smail Lamine

Ecologia geral

Estrutura e funcionamento da Biosfera

ScienciaScripts

Imprint

Any brand names and product names mentioned in this book are subject to trademark, brand or patent protection and are trademarks or registered trademarks of their respective holders. The use of brand names, product names, common names, trade names, product descriptions etc. even without a particular marking in this work is in no way to be construed to mean that such names may be regarded as unrestricted in respect of trademark and brand protection legislation and could thus be used by anyone.

Cover image: www.ingimage.com

This book is a translation from the original published under ISBN 978-620-6-71676-1.

Publisher:
Sciencia Scripts
is a trademark of
Dodo Books Indian Ocean Ltd. and OmniScriptum S.R.L publishing group

120 High Road, East Finchley, London, N2 9ED, United Kingdom
Str. Armeneasca 28/1, office 1, Chisinau MD-2012, Republic of Moldova, Europe
Printed at: see last page
ISBN: 978-620-8-02955-5

Ecologie Générale

Dr. Smail LAMINE

Prefácio

ᵉEste curso de ecologia geral destina-se aos alunos dos 2 anos de preparação para as Ciências Naturais e da Vida da Escola Superior de Agronomia de Mostaganem. Este documento pedagógico não substitui de forma alguma as obras sobre o assunto disponíveis na biblioteca. Trata-se apenas de um resumo de alguns títulos de eleição, antigos e recentes, que cobrem o programa da unidade didática em questão.

O curso é apresentado em cinco capítulos com ilustrações suficientes para facilitar a compreensão. O primeiro capítulo foca alguns pontos gerais sobre ecologia, nomeadamente o conceito de *sistema ecológico* e as várias áreas de intervenção. O segundo capítulo apresenta *o ambiente e as suas interações com os vários elementos que o rodeiam*. O terceiro capítulo trata dos *factores abióticos, ou seja, a complexidade dos elementos climáticos e edáficos*. O quarto é dedicado aos *factores ecológicos bióticos*, abrangendo todas as interações entre os diferentes seres vivos. Finalmente, o quinto capítulo trata da *estrutura e do funcionamento dos diferentes tipos de ecossistemas* que caracterizam a nossa biosfera.

ᵉEspero que este folheto seja de uma ajuda inestimável para os estudantes de Biologia compreenderem e dominarem o módulo de Ecologia Geral e, assim, concluírem com sucesso os seus 2 anos de Classes Préparatoires SNV. Espero também que este manual proporcione aos professores de Ecologia um instrumento de trabalho prático e eficaz. Ficaria muito grato se os leitores me informassem de eventuais erros ou críticas.

Dr. Smail LAMINE

Índice

Prefácio 2

Preâmbulo 4

Introdução geral 6

Capítulo 1: Ecologia geral 8

Capítulo 2. O ambiente e os seus componentes 15

Capítulo 3. Factores abióticos 21

Capítulo 4. Factores bióticos 30

Capítulo 5. Estrutura e função dos ecossistemas 34

Conclusão geral 53

Referências 54

Preâmbulo

Esta ficha de curso do módulo de Ecologia Geral destina-se principalmente aos alunos do segundo ano - Classes preparatórias (Semestre 4 - Primeiro ciclo - SNV) da Escola Superior de Agronomia - Mostaganem.

Metodologia da UE

Horas: 67h 30

Coeficiente :

Crédito :

Objectivos de ensino : Descrição geral da ciência, estruturação e funcionamento dos diferentes ecossistemas. Com este conjunto de noções teóricas gerais ensinadas, o aluno ficará com uma ideia aprofundada do lugar dos organismos vivos nos sistemas ecológicos; da sua ação sobre o meio, bem como da ação do meio sobre o seu desenvolvimento e as suas diversas adaptações.

Língua de ensino: francês / inglês

Tipo de curso: Aulas teóricas

Alternativas de avaliação: 75% exame EMD e 25% avaliação contínua (exame TD + relatório de visita de estudo).

Ano : L2

Semestre: S4

Conhecimentos prévios recomendados: Biologia, Ecologia e Zoologia

Conteúdo do documento :

Parte 1: Ecologia geral ;

Parte 2: O ambiente e os seus componentes ;

Parte 3: Factores abióticos ;

Parte 4: Factores bióticos.

Parte 5: Estrutura e função do ecossistema

Objectivos específicos

No final deste curso, os alunos serão capazes de :

Conhecer e compreender a terminologia específica do módulo em questão ;

- Demonstrar os principais parâmetros mesológicos de vários ecossistemas terrestres e aquáticos;
- Saber analisar os processos biodemográficos envolvidos na dinâmica das populações e dos povoamentos em diferentes ecossistemas;
- Ser capaz de contribuir, juntamente com os decisores, para a gestão racional e sustentável dos recursos naturais e para a introdução de práticas ecologicamente corretas (**por exemplo,** desenvolvimento sustentável).

Este documento baseia-se principalmente em informações recolhidas e sintetizadas a partir de várias referências sobre ecologia fundamental e aplicada.

Para avaliar este manual de curso, propusemos o Dr. BOUZID Khadidja da Escola Superior de Agronomia de Mostaganem e o Dr. GHARABI Dhia da Universidade Ibn Khaldoun-Tiaret.

Introdução geral

Num domínio de investigação tão vasto como a biologia, há quase sempre uma disciplina dominante que marca uma determinada época, como a sistemática no tempo de Linnaeus, a fisiologia nas décadas de 1830 a 1850, a evolução e a filogenia nas décadas de 1860 e 1870, a genética nas duas primeiras décadas do século XX... a biologia molecular desde os anos 50 e *talvez atualmente a ecologia.*

Desde o início, a ecologia enquanto ciência foi construída em torno da ideia um pouco louca de considerar o nosso meio envolvente como um "todo". De facto, o termo ecologia foi cunhado por Ernst Haeckel em 1866, referindo-se explicitamente tanto às relações que os organismos têm entre si como às relações entre os organismos e as caraterísticas físicas e químicas dos seus habitats.

Durante a segunda metade do século XIX e as primeiras décadas do século XX, foi desenvolvida uma grande quantidade de investigação ecológica que levou ao estabelecimento de um conjunto de conceitos fundamentais específicos desta disciplina. O conceito de *biocenose* (ou *biocoenose)* foi desenvolvido por **Mobius em 1877** e o de ecossistema por **Tansley em 1935**.

Apesar de as principais questões da ecologia terem sido equacionadas já na década de 1920, nas últimas décadas registou-se uma clara evolução das principais preocupações da disciplina.

A ecologia abrange um vasto leque de domínios. Inicialmente, centrou-se nas espécies individuais (ecologia dos carvalhos, ecologia das raposas, etc.), em que a maior parte da investigação realizada dizia respeito à análise da ação dos factores ecológicos sobre os seres vivos *(ecologia fatorial* ou *autoecologia)*. Posteriormente, a investigação centrou-se em níveis mais avançados de organização, como as populações *(demoecologia)* ou as comunidades *(biocenótica* ou *biocenótica)*.

O estudo da estrutura e do funcionamento dos ecossistemas, nomeadamente a sinecologia, e da biosfera no seu conjunto, conheceu um desenvolvimento frutuoso entre 1960 e 1980.

Finalmente, nas últimas três décadas, a introdução de ferramentas informáticas levou ao aparecimento da ecologia digital, cujo objetivo é modelizar e simular sistemas ecológicos.

A ecologia é, portanto, uma ciência madura, que produz teorias - representações simplificadas do mundo - válidas em quase todas as situações e que permitem prever o futuro ou reconstruir o passado. Além disso, já não é apenas uma disciplina que persegue objectivos cognitivos; tornou-se uma ciência socialmente envolvida. Embora se baseie nos seus próprios conceitos e métodos, é também uma ciência transversal que se inspira em muitas outras disciplinas, tanto vivas como não vivas.

Capítulo 1: Ecologia geral

Introdução

A ecologia moderna estrutura-se em torno de dois eixos fundamentais, um dos quais é o estudo da dinâmica e do funcionamento das populações e dos aglomerados populacionais, e o outro o estudo da dinâmica e do funcionamento dos ecossistemas e das paisagens, domínios que se sobrepõem em grande medida. O mundo vivo está estruturado segundo níveis de organização de complexidade crescente (moléculas, organelos, células, tecidos, órgãos, indivíduos, populações, comunidades).

1.1. Definição

Etimologicamente, o termo ecologia (do grego *oïkos*: habitat e *logos*: estudo) significa a ciência do habitat. Foi cunhado pelo biólogo alemão Ernest Haeckel em 1866 para designar a ciência que estuda a relação entre os seres vivos e o seu ambiente natural. De acordo com DAJOZ (2006) & FAURIE *ET AL.* (2011), este termo designa a ciência global cujo objeto é o estudo das condições de existência dos seres vivos e das interações de todo o tipo entre esses seres vivos e o seu ambiente. Destaca igualmente as relações que os seres vivos, incluindo os seres humanos, mantêm entre si e com o seu ambiente.

Enquanto ciência aplicada, a ecologia desenvolve e implementa os conhecimentos teóricos e práticos com base nos quais a maior parte dos problemas ligados à proteção, à gestão ou à exploração dos ecossistemas e dos recursos renováveis da biosfera devem ser colocados e, em seguida, resolvidos (BARBAULT, 2008).

1.2. Domínios de intervenção

A ecologia ocupa um lugar especial nas ciências biológicas. Trata-se de uma disciplina holística (global). Historicamente, o desenvolvimento desta disciplina começou com o estudo da ação dos factores ecológicos sobre plantas ou animais isolados. Este domínio da disciplina é conhecido *como **autoecologia*** (ou ecofisiologia).

Posteriormente, a investigação centrou-se nas populações *(demoecologia)*. Para muitas escolas de pensamento ecológico, nomeadamente a escola anglo-saxónica, o nível mínimo de organização abrangido pela ecologia é a população. No entanto, a parte mais específica da ecologia corresponde aos níveis superiores da pirâmide (Figura 1), nomeadamente o estudo dos ecossistemas *(sinecologia)*, que representa uma parte importante da ecologia moderna, cujo objetivo é estudar a estrutura e o funcionamento dos ecossistemas.

Numa escala espácio-temporal mais alargada, encontramos sistemas complexos constituídos por vários ecossistemas contíguos (vizinhos ou muito próximos uns dos outros), designados por paisagens. Estas constituem uma entidade de ordem superior que é objeto de desenvolvimentos específicos sob a designação de ecologia da paisagem.

Além disso, o nível mais complexo de organização biológica estudado pela ecologia é a biosfera e, para além desta, a ecosfera, cujo estudo é objeto da ecologia global (FISCHESSER & DUPUIS-TATE, 2007; RAMADE, 2008 & SOTTIAUX, 2008).

Por último, os níveis abrangidos pelos estudos ecológicos são essencialmente: o indivíduo, a população e o povoamento.

Indivíduo: Trata-se de um sistema biológico funcional que, no caso mais simples, se reduz a uma única célula. Ao longo do seu crescimento, o organismo deve adaptar-se às diferentes condições do meio em que vive.

População: Conjunto de indivíduos da mesma espécie que vivem num determinado território, num determinado momento, caracterizado por uma estrutura, uma organização, um funcionamento e uma evolução, eles próprios controlados pelo ambiente.

População ou comunidade: é o conjunto de populações de um mesmo meio, população animal (zoocenose) e população vegetal (fitocenose) que vivem nas mesmas condições mesológicas e na proximidade umas das outras.

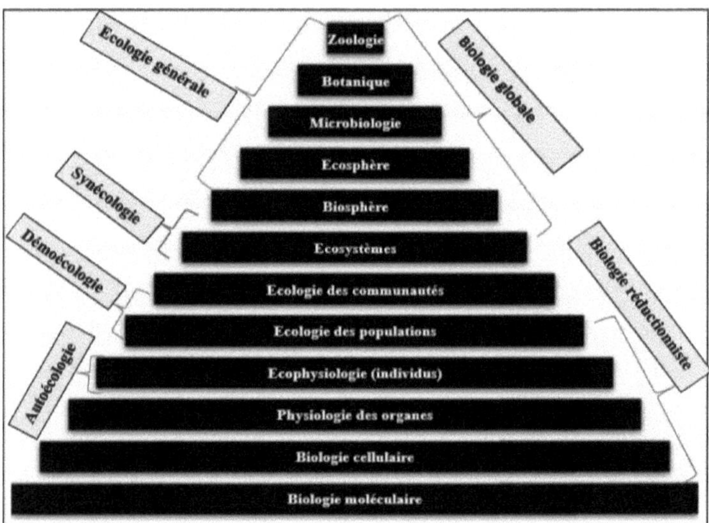

Figura 1: Representação esquemática da hierarquia das ciências biológicas por ordem ascendente.

A figura 1 mostra a hierarquia das ciências biológicas no seu conjunto. No topo da pirâmide encontram-se as subdivisões tradicionais e clássicas (Zoologia, Botânica, Microbiologia, etc.). Nas outras partes da pirâmide, subindo a partir da base do diagrama, vemos níveis cada vez mais complexos de organização do mundo vivo, desde o nível mais simples (o indivíduo) até ao mais complexo (a biosfera), passando pelo nível intermédio (a população) (RAMADE, 2008).

1.3. Noção de sistemas ecológicos: ecossistema

O objeto imediatamente dado ou acessível ao naturalista é um *indivíduo*. Os indivíduos, que são inicialmente percepcionados como isolados na natureza, só fazem sentido para o ecologista através do *sistema de relações* que os liga, por um lado, a outros indivíduos e, por outro, ao seu ambiente físico-químico (Figura 2).

A unidade fundamental, o componente elementar dos sistemas ecológicos depende do objetivo do estudo e do estado dos conhecimentos na matéria. Podemos, por exemplo, estar interessados na dinâmica de uma determinada população e definir o sistema a estudar pela rede de relações, diretas ou indirectas, que esta mantém com os outros componentes, bióticos e abióticos, do seu ambiente. No exemplo esquemático da figura 2, estes componentes foram agrupados em alguns grandes compartimentos fundamentais, de acordo com o tipo de interação que mantêm com a população "central": predador, presa, concorrente.

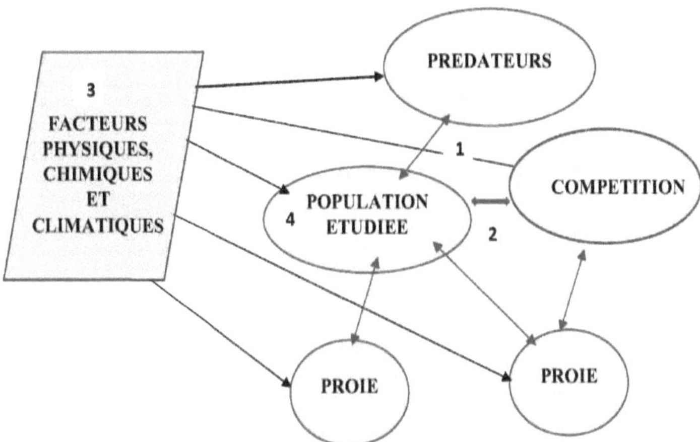

Figura 2: Representação esquemática de um sistema ecológico.

As populações naturais nunca estão isoladas: podem interagir de várias maneiras - predação **(1)**, competição **(2)**, cooperação (não mostrado) - e estão sujeitas aos factores físico-químicos do ambiente **(3)**.

1.3.1. O conceito de ecossistema

A lagoa é um exemplo de um ecossistema. Este conceito é frequentemente considerado como o dogma central da ecologia, que pode ser comparado ao código genético na biologia molecular. É também definido como um sistema biológico formado por dois elementos inseparáveis, a biocenose e o biótopo (Figura, 3) (EL ABOUDI, 2014).

Uma biocenose: é um grupo de comunidades ou seres vivos de todas as espécies, vegetais e animais, que coexistem numa área definida designada **por biótopo**.

Um biótopo: é um conjunto de elementos que caracterizam um ambiente físico-químico determinado e uniforme que alberga uma flora e uma fauna específicas (**a biocenose**).

Uma espécie: um grupo de seres vivos que podem reproduzir-se entre si (**inter-fertilidade**) e cujos descendentes são férteis.

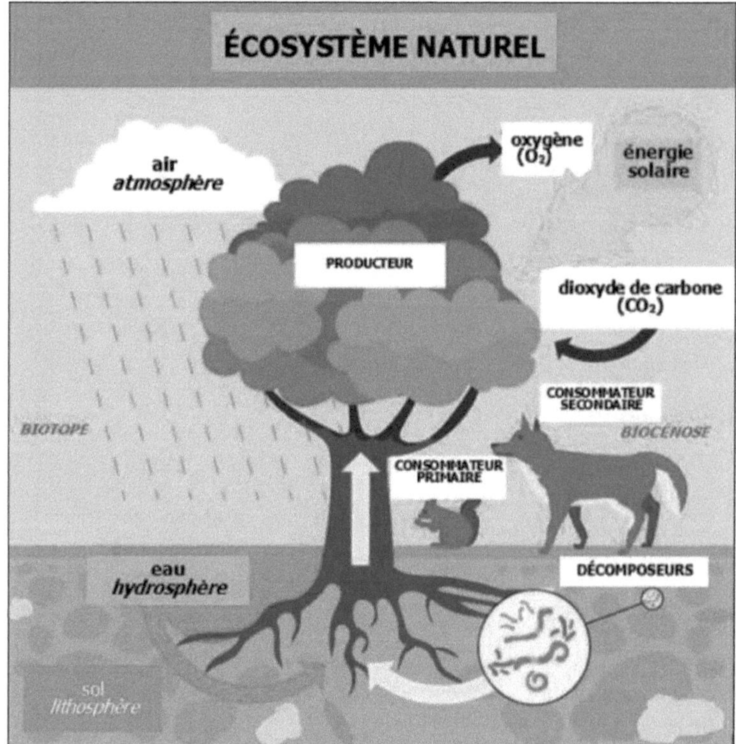

Figura 3: Exemplo de um ecossistema natural

A biocenose + o biótopo = um ecossistema

A biosfera: é a fina camada superficial da Terra na qual a vida foi capaz de se desenvolver e se manter permanentemente (RAMADE, 2009). Ela cobre parcialmente três dos compartimentos que compõem a Terra: a atmosfera, a hidrosfera e a litosfera (Figura 4). A biosfera caracteriza-se pelo seu fraco desenvolvimento vertical em relação ao raio da Terra, que é de 6300 km, e pela oposição entre o meio marinho e o meio terrestre.

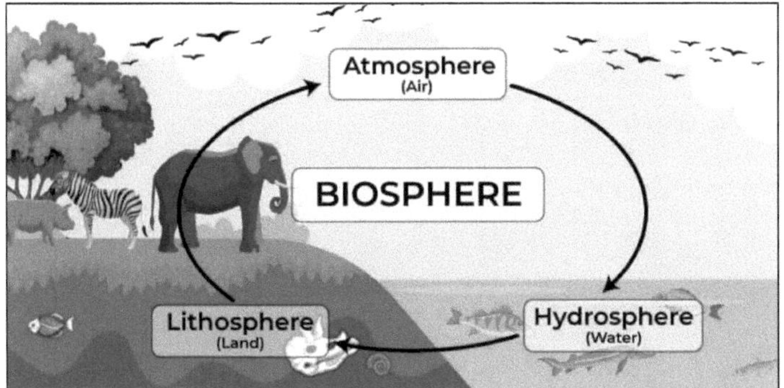

Figura 4: Representação esquemática dos compartimentos da biosfera

1.3.2. Alguns exemplos de ecossistemas

A noção de ecossistema é multiescalar (multi-escala), o que significa que pode ser aplicada a porções da biosfera de dimensões variáveis: um lago, um prado ou uma árvore morta...

Dependendo da escala do ecossistema, temos :

- um microecossistema: por exemplo, uma árvore ;
- um meso-ecossistema: por exemplo, uma floresta;
- um macro-ecossistema: por exemplo, uma região.

Os ecossistemas são frequentemente classificados por referência aos biótopos em causa. Fala-se de :

- Ecossistemas continentais (ou terrestres), tais como: ecossistemas florestais (florestas), ecossistemas de prados (pradarias), agro-ecossistemas (sistemas agrícolas);

- Ecossistemas de águas continentais, para os ecossistemas ióticos de águas calmas de renovação lenta (lagos, pântanos, lagoas) ou ecossistemas lóticos de águas correntes (rios, ribeiros);

- Ecossistemas oceânicos (mares, oceanos).

Os ecossistemas são classificados de acordo com a sua dimensão: microecossistemas (troncos de árvores mortas, pequenas ilhas, etc.), mesoecossistemas (florestas, lagos, etc.) e macroecossistemas (oceanos, desertos, etc.).

Os biomas são definidos como agrupamentos biogeográficos homogéneos de ecossistemas por região climática, cobrindo uma vasta área (tundra, taiga, estepes, desertos, etc.) (Figura 5).

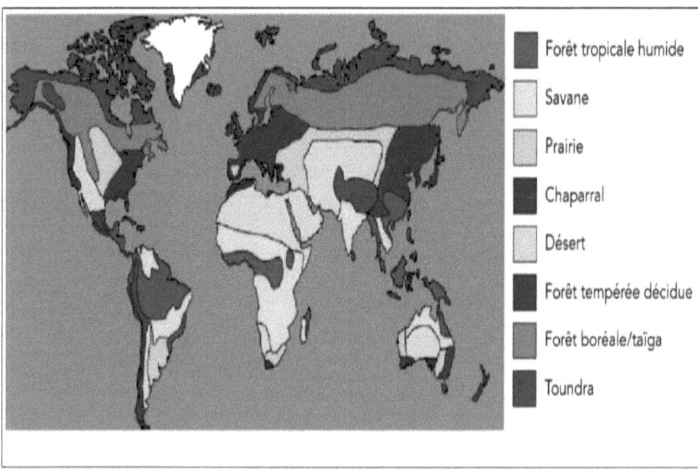

Figura 5: Distribuição dos principais biomas terrestres.

Conclusão

A delimitação efectiva dos sistemas ecológicos depende do objetivo do estudo e do estado dos conhecimentos na matéria. Por exemplo, podemos estar interessados na dinâmica de uma determinada população e definir o sistema a estudar pela rede de relações diretas ou indirectas que esta mantém com os outros componentes bióticos e abióticos do seu ambiente.

Capítulo 2. O ambiente e os seus componentes

Introdução

A influência das condições ecológicas, em particular das caraterísticas do habitat, na evolução das histórias de vida é uma questão central na ecologia evolutiva. É possível começar a abordar esta questão considerando a influência do habitat na expressão de compromissos em caraterísticas, com uma formalização simples da otimização de um compromisso evolutivo.

2.1. Noção de nicho ecológico

O conceito de nicho ecológico foi criado por GRINELL em 1917 e mais tarde popularizado por Elton em 1927. Os organismos de uma determinada espécie podem manter populações viáveis apenas sob uma certa gama de condições, para recursos específicos, num determinado ambiente e durante períodos específicos. A combinação destes factores descreve **o nicho**, que segundo CAMPBELL & REECE (2007) é a posição que o organismo ocupa no seu ambiente, incluindo as condições em que se encontra, os recursos que utiliza e o tempo que aí passa (Figura 6).

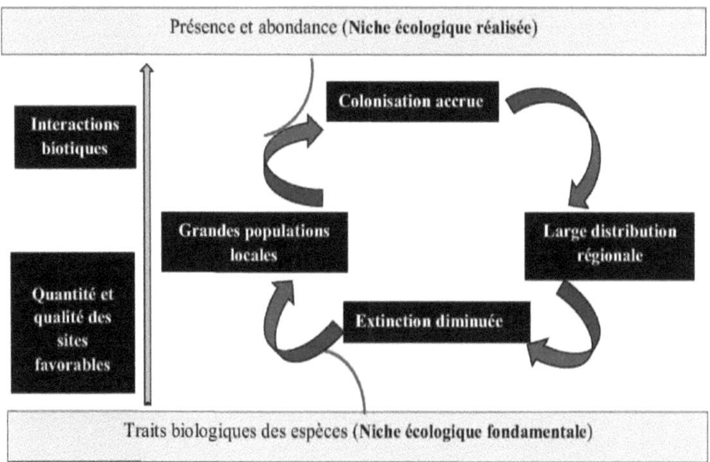

Figura 6. Estruturação da comunidade através de diferenças nos nichos ecológicos, com um papel particular para os filtros ambientais abióticos e bióticos, e através da dinâmica populacional, por meio de eventos de colonização e extinção (**após Verbek *et al.*, 2010**).

Os organismos podem mudar de nicho à medida que se desenvolvem.

Exemplo: Os sapos comuns vivem num ambiente aquático (alimentando-se de algas e detritos) antes de se metamorfosearem em adultos, onde se tornam terrestres (alimentando-se de insectos).

Quadro 1. Alterações na dieta dos sapos e borboletas durante o seu desenvolvimento.

	Exemplo 1. Sapos comuns	
Estádio	**Jovem**	**Adulto**
Ambiente	Aquático	Terreno
Alimentação eléctrica	Algas + lixo	Insectos
	Exemplo 2. Borboletas	
Estádio	**Larva**	Adulto
Ambiente	**Folhagem**	Flores
Alimentação eléctrica	**Herbívoro**	Nectarívoro

Fonte: Ramade, 2009

2.2. Conceito de habitat

Ao contrário de um nicho, o habitat de um organismo é o ambiente físico em que se encontra.

Os habitats contêm muitos nichos e suportam muitas espécies diferentes.

Exemplo: Uma floresta tem um vasto número de nichos para uma grande variedade de aves (pica-paus, galinholas), mamíferos (ratos-do-mato, raposas), insectos (borboletas, escaravelhos, pulgões) e plantas (anémonas-do-mato, musgos, líquenes).

2.3. Conceito de factores ambientais

Um "fator ecológico" é qualquer elemento do ambiente que possa ter um efeito direto sobre os organismos vivos.

Existem dois tipos de factores ecológicos:

Factores abióticos: de natureza física ou química, têm uma enorme influência sobre as diferentes populações. Trata-se, nomeadamente, dos factores climáticos (temperatura, humidade e pluviosidade, luz e fotoperíodo, vento, etc.); dos factores edáficos, que se relacionam com as caraterísticas físico-químicas do solo (textura, estrutura, elementos minerais presentes no solo); dos factores topográficos, ligados ao relevo; dos factores hidrológicos, relativos aos biótopos aquáticos (representados pelo teor de sais minerais, oxigénio e outros gases dissolvidos na água, a corrente, o pH da água, etc.) (RAMADE, 2009 & TIRARD *ETAL.*, 2012).

Factores bióticos: trata-se do conjunto das populações vegetais e animais, incluindo os micróbios, cuja ação pode manter ou modificar o funcionamento do ecossistema.

Iremos abordar sucessivamente a população vegetal com levantamentos florísticos, depois a população animal com técnicas de observação, captura, contagem, triagem e conservação da fauna (FAURIE *ETAL.*, 2012).

2.4. Interação entre o ambiente e os seres vivos

As reacções dos organismos vivos às variações dos factores físico-químicos do ambiente afectam a sua morfologia, fisiologia e comportamento (RAMADE, 2008).

Os organismos vivos são totalmente eliminados ou o seu número é muito reduzido quando a intensidade dos factores ecológicos se aproxima ou ultrapassa os limites de tolerância.

2.4.1. Lei de tolerância (intervalo de tolerância)

Enunciada por Shelford em 1911, a lei da tolerância estipula que, para qualquer fator ambiental, existe uma gama de valores (ou intervalo de tolerância) dentro da qual qualquer processo ecológico dependente desse fator pode funcionar normalmente. É apenas dentro deste intervalo que a vida de um determinado organismo, população ou biocenose é possível. De acordo com TIRARD *ET AL.* (2012), o limite inferior ao longo desse gradiente delimita a morte por deficiência, enquanto o limite superior delimita a morte por toxicidade. Dentro do intervalo de tolerância, existe um valor ótimo, conhecido como "preferencial" ou "ótimo ecológico", no qual o metabolismo da espécie ou comunidade em questão se processa à velocidade máxima (Figura 7).

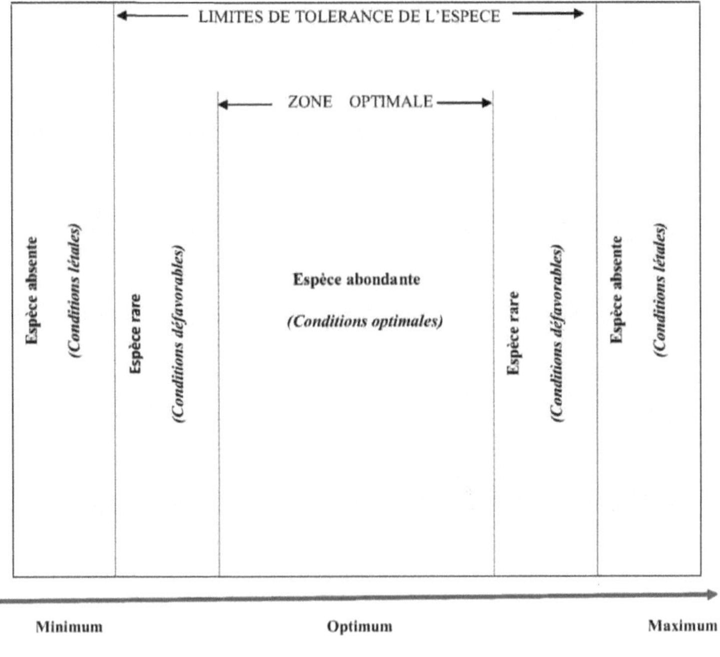

Figura 7. Limites de tolerância de uma espécie em função da intensidade do fator ecológico estudado. (A abundância das espécies é mais elevada na vizinhança do ótimo ecológico).

A valência ecológica de uma espécie representa a sua capacidade de suportar variações maiores ou menores de um fator ecológico. Representa a capacidade de colonizar ou povoar um determinado biótopo (TRIPLET, 2015).

Uma espécie com elevada valência ecológica, ou seja, capaz de povoar ambientes muito diferentes e de suportar grandes variações na intensidade dos factores ecológicos, é dita *eurílica.*

■ Uma espécie com um baixo valor ecológico apenas poderá suportar variações limitadas nos factores ecológicos, sendo conhecida como *uma espécie estenóica.*

■ Uma espécie com um valor ecológico médio é conhecida como *uma espécie meso.*

2.4.2. Direito mínimo

Devemos a Liebig (1840) a lei do mínimo, que estipula que o crescimento das plantas só é possível se todos os elementos necessários para o efeito estiverem presentes em quantidades suficientes no solo. São os elementos deficientes (cuja concentração é inferior a um valor mínimo) que condicionam e limitam o crescimento (SOTTIAUX, 2008 & RAMADE, 2009).

A lei de Liebig é generalizada a todos os factores ecológicos sob a forma de uma lei conhecida como "lei dos factores limitantes".

2.4.3. Fator limitativo

Um fator ecológico desempenha o papel de fator limitante quando está ausente ou reduzido abaixo de um limiar crítico ou quando excede o nível máximo tolerável. De acordo com TRIPLET (2015), é o fator limitante que impedirá o estabelecimento e o crescimento de um organismo num ambiente.

Conclusão

O conceito de nicho ecológico é frequentemente debatido e ultrapassa a noção de habitat, uma vez que descreve a forma como uma espécie interage com todo o seu ambiente biótico e abiótico. Consequentemente, podem formar-se vários nichos ecológicos através de uma vasta gama de interações ecológicas e em escalas temporais variáveis, o que dificulta o seu estudo.

Capítulo 3. Factores abióticos

Introdução

Os factores ecológicos abióticos representam constrangimentos para os organismos quando os seus valores não se encontram na gama óptima para a espécie.

Apesar das severas restrições ambientais, os organismos vivos têm colonizado com sucesso as regiões mais hostis - os pólos, as montanhas, os desertos e as profundezas do mar. A sua sobrevivência é possível graças a respostas a diferentes níveis: morfo-anatómico, bioquímico, fisiológico e também comportamental.

3.1. Factores climáticos

3.1.1. Definição de clima

O clima é o conjunto de condições atmosféricas e meteorológicas específicas de uma região do globo. O clima de uma região é determinado pelo estudo dos parâmetros meteorológicos (temperatura, humidade, precipitação, força e direção do vento, duração da insolação, etc.) avaliados ao longo de várias décadas (CHEMERY, 2004 & FAURIE *ET AL*, 2012).

3.1.2. Principais factores climáticos

Os elementos do clima que desempenham um papel ecológico são numerosos. RAMADE (2003, 2009), indica que os principais são a temperatura, a humidade e a precipitação, a luz e o fotoperíodo (distribuição, durante o dia, entre a duração da fase diurna e a da fase escura). Outros, como o vento e a neve, são menos importantes, mas em alguns casos podem desempenhar um papel significativo.

3.1.2.1. Temperatura

De acordo com FRONTIER *ET AL.* (2008), a temperatura é o elemento mais importante do clima, uma vez que todos os processos metabólicos dependem dela. Fenómenos como a fotossíntese, a respiração e a digestão seguem a lei de Van't Hoff, que estabelece que a velocidade de uma reação é função da temperatura.

A grande maioria dos seres vivos só consegue sobreviver num intervalo de temperatura entre 0 e 50°C, em média. Temperaturas demasiado baixas ou demasiado altas desencadeiam um estado de dormência (quiescência) em alguns animais, conhecido como estivação ou hibernação. Em ambos os casos, o desenvolvimento é praticamente interrompido.

Os limites das áreas geográficas são frequentemente determinados pela temperatura, que actua como um fator limitante. Muitas vezes, são os extremos de temperatura e não as médias que limitam o estabelecimento de uma espécie num ambiente.

3.1.2.2. *Humidade e precipitação*

A água representa 70-90% dos tecidos de muitas espécies em estado de vida ativa. O fornecimento de água e a redução das perdas são problemas ecológicos e fisiológicos fundamentais. Em função das suas necessidades de água e, consequentemente, da sua distribuição no meio ambiente (BEAUX, 2004), podemos distinguir :

- Espécies aquáticas que vivem permanentemente na água (por exemplo, peixes);
- Espécies higrófilas que vivem em ambientes húmidos (por exemplo, anfíbios);
- Espécie mesófila com necessidades moderadas de água que pode suportar estações húmidas e secas alternadas;
- Espécies xerófilas que vivem em ambientes secos onde o défice hídrico é acentuado (espécies desérticas).
- Os seres vivos adaptam-se à seca de formas muito diferentes:

Nas plantas
- Redução da evapotranspiração através do desenvolvimento de estruturas cuticulares impermeáveis.
- Diminuição do número de estomas.
- Diminuição da superfície das folhas, que se transformam em escamas ou espinhos.
- As folhas caem durante a estação seca e reformam-se após cada chuva.
- A fábrica obtém a sua água de um poderoso sistema subterrâneo.
- Armazenamento de água nos tecidos aquíferos associado a uma boa proteção epidérmica.

Em animais
- Utilizar a água contida nos alimentos.

■ Redução da excreção de água através da emissão de urina cada vez mais
concentrada.

■ Utilização da água metabólica formada pela oxidação das gorduras (dromedário).

3.1.2.3. Luz e sol

Seguindo as observações de MACKENZI *ET AL.* (2000), podemos dizer que a
insolação é definida como o tempo durante o qual o sol brilhou. A radiação solar é
constituída essencialmente por luz visível, raios infravermelhos e raios ultravioletas. A
iluminância é importante não só pela sua intensidade e natureza (comprimento de onda)
mas também pela duração da sua ação (fotoperíodo). O fotoperíodo aumenta do equador
em direção aos pólos.

Na linha do Equador, os dias são rigorosamente iguais às noites durante todo o ano. Nos
trópicos, a desigualdade é ligeira e praticamente sem influência. Em latitudes muito
elevadas, ou seja, para além do Círculo Polar Ártico, as noites e os dias são superiores a
24 horas, chegando a 6 meses de dias e 6 meses de noites nos próprios pólos. A atmosfera
actua como um ecrã ou, melhor ainda, como um filtro, bloqueando algumas radiações e
permitindo a passagem de outras. Com efeito, a atmosfera absorve uma parte dos raios
solares e difunde outros. Para além destas duas acções, existe o fenómeno da reflexão.

Ação sobre as plantas

As plantas estão adaptadas à intensidade e à duração da luz. Esta adaptação é importante
quando as plantas passam da fase vegetativa (fase de crescimento e desenvolvimento)
para a fase reprodutiva (floração).

As plantas podem ser divididas em três categorias:

* **Plantas de dia curto:** só florescem se o fotoperíodo de abertura dos botões for
  inferior ou igual a 12 horas de luz.
* **Plantas de dia longo:** que necessitam de pelo menos 12 horas de luz para florescer.
* **O indiferente:** a duração da luz não tem qualquer influência na floração.

Ação relativa aos animais

Nos animais, o papel essencial do fotoperíodo é manter os ritmos biológicos sazonais,
diários (circadianos) ou lunares.

- **Ritmos biológicos sazonais:** existem dois tipos:

  - **Ritmos de reprodução nos vertebrados:** o resultado é que o período de reprodução coincide com a estação favorável.

  - **Diapausa:** o fotoperíodo é o fator essencial que leva o animal a entrar em diapausa antes do início da estação desfavorável.

- **Ritmos diários ou circadianos**

São ritmos com um período de 24 horas. São mantidos por um mecanismo interno pouco conhecido, conhecido como "relógio biológico", cuja regulação depende da luz e da temperatura.

- **Ritmos lunares**

São ritmos de atividade desencadeados pelo luar. São mais conhecidos nos animais marinhos.

3.1.2.4. *Vento*

O vento resulta do movimento da atmosfera entre a alta e a baixa pressão (PARCEVAUX & HUBER, 2007). O impacto deste fator sobre os seres vivos pode ser resumido da seguinte forma:

- Tem um efeito de secagem porque aumenta a evaporação.
- Tem também um poder de refrigeração considerável.
- O vento é um agente de dispersão de animais e plantas.
- A atividade dos insectos é abrandada pelo vento.
- Quando os vendavais derrubam árvores na floresta, criam clareiras nas quais as árvores jovens podem crescer.
- O vento exerce um efeito mecânico sobre as plantas, que se deitam no chão e assumem formas particulares, conhecidas como anemomorfose.

3.1.2.5. *Neve*

Este é um importante fator ecológico nas montanhas. A cobertura de neve protege o solo do arrefecimento. Sob um metro de neve, a temperatura do solo é de -0,6°C, em comparação com -33,7°C à superfície (RAMADE, 2008).

3.2. *Factores do solo*

3.2.1. *Definição de solo*

O solo é um meio vivo complexo e dinâmico, definido como a formação natural superficial, de estrutura frouxa e espessura variável, resultante da transformação da rocha-mãe subjacente sob a influência de diversos processos: físicos, químicos e biológicos, em contacto com a atmosfera e os seres vivos. É constituído por uma fração mineral e matéria orgânica. As plantas e os animais retiram do solo a água e os sais minerais e encontram nele o abrigo e/ou o suporte de que necessitam para se desenvolverem.

3.2.2. *Factores edáficos*

3.2.2.1. *Textura do solo*

A textura do solo é definida pelo tamanho das partículas que o compõem: cascalho, areia, silte, argila (granulometria: medição da forma, tamanho e distribuição em diferentes classes de grãos e partículas de matéria dividida):

Tabela 2. Textura do solo em função do tamanho das partículas

Partícula	Diâmetro
Cascalho	>2 mm
Areia grossa	2 mm a 0,2 mm
Areias finas	0,2 mm a 20 μm
Silte	20 μm a 2μm
Argila	< 2μm

Fonte: Dadjoz, 2006

Em função da proporção destas diferentes fracções granulométricas, são determinadas as seguintes texturas:

- **Texturas finas:** contêm um elevado teor de argila (>20%) e correspondem aos chamados solos "pesados", difíceis de trabalhar, mas com uma óptima capacidade de retenção de água.

- **Texturas arenosas ou grosseiras:** caracterizam os solos leves, pouco coesos e com tendência a secar sazonalmente.

- **Texturas médias:** existem dois tipos:

  - A argila arenosa, que não contém mais de 30-35% de silte, tem uma textura perfeitamente equilibrada e é um dos melhores solos "livres".
  - Os solos de textura siltosa, que contêm mais de 35% de silte, são pobres em húmus (matéria orgânica do solo derivada da decomposição parcial de matéria animal e vegetal).

Do ponto de vista biológico, a granulometria desempenha um papel na distribuição dos animais e das águas subterrâneas. Muitos organismos, como as minhocas, preferem solos siltosos ou areno-argilosos, tal como certas espécies de escaravelhos, que preferem solos argilosos e/ou siltosos com um elevado teor de elementos finos, capazes de reter a água necessária, ao contrário dos elementos grosseiros, que permitem que o solo seque demasiado depressa.

3.2.2.2. *Estrutura do solo*

A estrutura é a organização do solo. É também definida como o arranjo espacial das partículas de areia, silte e argila (LACOSTE & SALANON, 2006). Existem três tipos principais de estrutura:

- **Particular:** quando os elementos do solo não estão ligados, o solo é muito solto (solo arenoso).

- **Maciço:** quando os elementos do solo estão ligados entre si por cimentos (matéria orgânica, calcário) endurecidos numa massa descontínua ou contínua muito resistente (solos argilosos). Este tipo de solo é compacto e pouco poroso. No entanto, impede a migração vertical de animais sensíveis à temperatura e à humidade.

- **Fragmentária:** quando os elementos estão ligados entre si por matéria orgânica e formam agregados (conjunto heterogéneo de substâncias ou elementos que aderem firmemente uns aos outros) de dimensões variáveis. Esta estrutura é a mais propícia à vida dos organismos vivos, pois contém uma proporção suficiente de espaços vazios ou poros que favorecem a vida das raízes e a atividade biológica em geral, permitindo a circulação do ar e da água.

3.2.2.3. *Água do solo*

A água está presente no solo em quatro estados específicos:

- **Água higroscópica:** provém da humidade atmosférica e forma uma fina película à volta das partículas do solo. É retida com muita força e não pode ser utilizada pelos organismos vivos.

- **Água capilar não absorvível:** ocupa os poros com um diâmetro inferior a 0,2 mm. Além disso, é retida com demasiada energia para ser utilizada pelos organismos vivos. Apenas alguns organismos altamente adaptados podem utilizá-la.

- **Água capilar absorvível:** localizada em poros que medem entre 0,2 e 0,8 mm. É absorvida pelas plantas e permite a atividade de bactérias e pequenos protozoários, como os flagelados.

- **Água de gravidade:** ocupa temporariamente os poros maiores do solo. Esta água flui sob a ação da gravidade.

3.2.2.4. *pH do solo*

O pH do solo é o resultado de uma combinação de vários factores do solo. $^{+}$A solução do solo contém iões H de :

■ Alteração da rocha-mãe

■ Humificação da matéria orgânica (síntese de ácido húmico)

■ Atividade biológica

■ O efeito dos adubos acidificantes

O pH depende também da natureza do coberto vegetal e das condições climáticas (temperatura e pluviosidade):

■ Os níveis de pH básicos (acima de 7,5) caracterizam os solos desenvolvidos sobre rochas-mãe calcárias. Encontram-se geralmente em climas secos ou sazonalmente secos e sob vegetação com folhas em rápida decomposição.

■ Os valores de pH ácidos (entre 4 e 6,5) são muito mais comuns em climas húmidos e frios, que favorecem a acumulação de matéria orgânica. São caraterísticos das florestas de coníferas. Formam-se principalmente em rochas siliciosas e graníticas (COUDURIER *ET AL.,* 2012).

Os organismos vivos, como os protozoários, podem suportar variações de pH de 3,9 a 9,7, consoante a espécie: alguns são **acidófilos**, enquanto outros são **basófilos. Os neutrófilos** são os mais comuns na natureza.

3.2.2.5. *Composição química*

Os diferentes tipos de solo têm composições químicas muito diferentes. Os elementos mais estudados em termos do seu efeito na flora e na fauna são os cloretos e o cálcio.

Os solos salgados, com elevados níveis de cloreto de sódio, têm uma flora e uma fauna muito específicas. As plantas dos solos salgados são **halófitas.**

Em função das suas preferências, as plantas são classificadas em **calcícolas** (espécies capazes de tolerar níveis elevados de calcário) e **calcífugas** (espécies que apenas toleram pequenos vestígios de cálcio) (RAMADE, 2009).

Quanto aos animais, o cálcio é necessário para muitos animais do solo.

Os solos anormais contêm concentrações elevadas de elementos mais ou menos tóxicos: enxofre, magnésio, etc. Os metais pesados têm um efeito tóxico sobre a vegetação, o que leva à seleção de espécies conhecidas como **tóxico-resistentes** ou **metalófitas**, que formam associações vegetais específicas.

Conclusão

As respostas dos organismos a variações ambientais múltiplas assumem frequentemente a forma de ajustamentos efectuados durante as fases de aclimatação, em vez de modificações súbitas. A aclimatação é a expressão da flexibilidade fenotípica, que permite uma mudança gradual na gama de tolerância das espécies, por exemplo, para cima ou para baixo, com uma subida ou descida gradual da temperatura.

Capítulo 4. Factores bióticos

Introdução

Os factores bióticos são o conjunto das acções que os organismos vivos exercem diretamente uns sobre os outros. Estas interações, conhecidas como coacções, são de dois tipos:

- **Homotípicas** ou intra-específicas, quando ocorrem entre indivíduos da mesma espécie.

- **Heterotípicas** ou interespecíficas, quando ocorrem entre indivíduos de espécies diferentes.

4.1. Interações homotípicas

4.1.1. O efeito de grupo

Um efeito de grupo ocorre quando se verificam alterações em animais da mesma espécie quando estes são agrupados aos pares ou em maior número. O efeito de grupo é conhecido em muitas espécies de insectos e vertebrados, que só podem reproduzir-se normalmente e sobreviver quando estão representados por populações suficientemente grandes (TIRARD *ET AL,* 2016).

Exemplo: Calcula-se que uma manada de elefantes africanos precisa de ter, pelo menos, 25 indivíduos para poder sobreviver: a luta contra os inimigos e a procura de alimentos são facilitadas pelo facto de viverem juntos.

4.1.2. O efeito de massa

Em contraste com o efeito de grupo, o efeito de massa ocorre quando o ambiente, muitas vezes sobrepovoado, provoca uma concorrência severa com consequências nefastas para os indivíduos (RAMADE, 2009).

Os efeitos nocivos destas competições têm consequências no metabolismo e na fisiologia dos indivíduos, resultando em perturbações como a diminuição das taxas de fertilidade e de natalidade e o aumento da mortalidade. Em alguns organismos, a sobrepopulação conduz a fenómenos conhecidos como **auto-eliminação.**

4.1.3. Concorrência intra-específica

Este tipo de competição pode ocorrer em densidades populacionais muito baixas e manifesta-se de formas muito diferentes:

- Aparece no comportamento territorial, ou seja, quando o animal defende uma determinada área contra incursões de outros indivíduos.
- A manutenção de uma hierarquia social com indivíduos dominantes e dominados.
- A competição por alimentos entre indivíduos da mesma espécie é intensa quando a densidade populacional se torna elevada. A consequência mais frequente é a diminuição da taxa de crescimento da população.

Nas plantas, a competição intra-específica associada a densidades elevadas é principalmente pela água e pela luz. Isto resulta numa redução do número de sementes formadas e/ou numa mortalidade significativa, o que reduz consideravelmente o número de plantas.

4.2 Interações heterotípicas

A coabitação de duas espécies pode ter uma influência neutra, favorável ou desfavorável sobre cada uma delas.

4.2.1. Neutralismo

O neutralismo significa que as duas espécies são independentes: coexistem sem terem qualquer influência uma sobre a outra.

4.2.2. Concorrência interespecífica

A competição interespecífica pode ser definida como a procura ativa, por membros de duas ou mais espécies, do mesmo recurso ambiental (alimento, abrigo, local de postura, etc.) (CHAPIN *ETAL.*, 2012).

Na competição interespecífica, cada espécie tem um efeito adverso sobre a outra. Quanto mais próximas duas espécies estiverem uma da outra, maior será a competição.

No entanto, duas espécies com exatamente as mesmas necessidades não podem coexistir, uma vez que uma delas será eliminada após um certo período de tempo. Este é o princípio GAUSE ou princípio da exclusão competitiva.

4.2.3. Predação

De acordo com TIRARD *ET AL.* (2012), um predador é qualquer organismo de vida livre que se alimenta à custa de outro. Ele mata a sua presa para a comer. Os predadores podem ser polifágicos (alimentam-se de um grande número de espécies), oligófagos (alimentam-se de algumas espécies) ou monófagos (subsistem de uma única espécie).

4.2.4. Parasitismo

O parasita é um organismo que não leva uma vida livre: pelo menos numa fase do seu desenvolvimento, está ligado à superfície (ectoparasita) ou no interior (endoparasita) do seu hospedeiro (CAMPBELL & REECE, 2007).

O parasitismo pode ser considerado como um caso especial de predação. No entanto, o parasita não é realmente um predador porque o seu objetivo não é matar o hospedeiro (TIRARD *ET AL.*, 2016). O parasita deve adaptar-se ao hospedeiro e sobreviver à custa deste. O hospedeiro deve adaptar-se para não encontrar o parasita e para se livrar dele se o encontro tiver ocorrido. Tal como os predadores, os parasitas podem ser polífagos, oligófagos ou monófagos.

4.2.5. Comensalismo

Interação entre uma espécie comensal que beneficia da associação e uma espécie hospedeira que não beneficia nem prejudica. As duas espécies interagem através da tolerância mútua.

Exemplo: Animais que se instalam e são tolerados nas casas de outras espécies.

4.2.6. Mutualismo

Trata-se de uma interação em que ambos os parceiros encontram uma vantagem, que pode ser a proteção contra os inimigos, a dispersão, a polinização, o fornecimento de nutrientes, etc. (FRONTIER *ETAL.*, 2008).

Exemplo: As sementes das árvores têm de ser dispersas por todo o lado para sobreviverem e germinarem. Esta dispersão é efectuada por aves, macacos, etc., que beneficiam da árvore (alimento, abrigo, etc.).

A associação obrigatória e indispensável entre duas espécies é uma forma de mutualismo à qual reservamos o nome de simbiose. Nesta associação, cada espécie só pode sobreviver, crescer e desenvolver-se na presença da outra.

Exemplo: Os líquenes são formados pela associação de uma alga e um fungo.

4.2.7. Amensalismo

Trata-se de uma interação em que uma espécie é eliminada por outra espécie que segrega uma substância tóxica. Nas interações entre plantas, o amensalismo é frequentemente designado por **alelopatia**.

Exemplo: As raízes da nogueira libertam uma substância tóxica volátil, o que explica a ausência de vegetação debaixo desta árvore.

Conclusão

Tal como existem interações de todos os tipos (competição, cooperação, predação, etc.) entre indivíduos no seio das populações, as diferentes espécies que vivem lado a lado na mesma comunidade podem ter interações entre si que podem modificar a sua dinâmica ou orientar a sua evolução. Todas estas relações intra e interespecíficas, variáveis no espaço e no tempo, formam redes complexas no interior dos ecossistemas.

Capítulo 5. Estrutura e função dos ecossistemas

Introdução

O estudo dos ecossistemas é um dos principais objectivos da ecologia. É através da compreensão dos mecanismos fundamentais do seu funcionamento e equilíbrio que se podem propor bases racionais para a conservação e gestão do património natural. É também através da integração dos conhecimentos adquiridos sobre os ecossistemas e as suas inter-relações que se pode compreender, reconstruir e controlar a organização e a evolução da biosfera.

5.1. A biosfera e os seus componentes

Biosfera significa literalmente esfera da vida, ou seja, toda a vida na Terra. Os seres vivos estão localizados numa camada estreita da superfície da Terra. Esta inclui **a atmosfera inferior,** os oceanos, os mares, os lagos e os rios, conhecidos como **hidrosfera**, e a fina camada superficial de terra, conhecida como **litosfera** (RAMADE, 2009 & TRIPLET, 2015).

A espessura da biosfera varia consideravelmente de um ponto para outro, com a vida a penetrar até às fossas oceânicas, a mais de 10 000 m de profundidade, enquanto na litosfera quase não há vestígios de vida para além de uma profundidade de cerca de dez metros. Na atmosfera, devido à crescente escassez de oxigénio, os seres vivos tornam-se mais raros com a altitude e raramente vivem acima dos 10.000 metros.

A principal fonte de energia da biosfera é o sol. A outra grande fonte é a energia geotérmica. Através da fotossíntese, as plantas convertem a energia solar em energia química, que os animais recuperam comendo as plantas ou comendo-se uns aos outros.

5.2. Organização da biosfera

O nível mais elementar de organização dos organismos vivos é a célula. A célula está integrada no indivíduo, que por sua vez está integrado numa população. A população faz parte de uma comunidade ou biocenose. A biocenose, por sua vez, faz parte do ecossistema. Em conjunto, estes ecossistemas formam a biosfera, o nível mais elevado dos organismos vivos.

Um ecossistema é constituído por todos os seres vivos (biocenose) e pelo ambiente em que vivem (biótopo).

O biótopo fornece energia e matéria orgânica e inorgânica de origem abiótica. A biocenose inclui três categorias de organismos: **os produtores** de matéria orgânica, **os consumidores** dessa matéria e **os decompositores** que a reciclam. As plantas captam a energia do sol e produzem hidratos de carbono que são transformados noutras categorias de produtos, que são depois pastados pelos **herbívoros** e consumidos pelos **carnívoros**. **Os decompositores** consomem os resíduos e os cadáveres de todos os organismos, permitindo a devolução de várias substâncias ao ambiente. Pela sua unidade, organização e funcionamento, o ecossistema parece ser o elo fundamental da biosfera (FAURIE *ETAL.*, 2012).

5.3. A cadeia trófica

5.3.1. Definições

Uma cadeia trófica ou cadeia alimentar é uma sucessão de organismos, cada um dos quais depende do organismo anterior. Cada ecossistema é composto por um conjunto de espécies animais e vegetais que podem ser divididas em três grupos: **produtores, consumidores e decompositores** (DACHIN & GIRALDEAU, 2005**).**

5.3.1.1. Os produtores

Trata-se de plantas autotróficas fotossintéticas (plantas verdes, fitoplâncton: cianobactérias ou algas azuis-verdes: organismos procarióticos). De acordo com GREULICH (2016), este nível trófico constitui a base da cadeia alimentar do ecossistema. Graças à fotossíntese, produzem matéria orgânica a partir de matéria estritamente mineral fornecida pelo ambiente abiótico externo.

5.3.1.2. Consumidores

São os chamados organismos vivos heterotróficos, que se alimentam de matéria orgânica complexa já elaborada e que retiram de outros organismos vivos. Consideram-se produtores secundários. Os consumidores ocupam um nível trófico diferente consoante a sua alimentação (SOTTIAUX, 2008 & GREULICH, 2016). Distingue-se entre consumidores de matéria fresca e consumidores de cadáveres.

a- Os consumidores de produtos frescos incluem :

- **Consumidores primários (C1)**: São os fitófagos que comem os produtores. São geralmente animais, conhecidos como herbívoros (mamíferos herbívoros, insectos, crustáceos como o camarão), mas mais raramente plantas e animais parasitas de plantas verdes.

- **Consumidores secundários (C2)** : Predadores de C1. São carnívoros que se alimentam de herbívoros (mamíferos carnívoros, aves de rapina, insectos).

- **Consumidores terciários (C3)** : Predadores de C2. São carnívoros que se alimentam de carnívoros (aves insectívoras, aves de rapina, insectos, etc.).

Na maioria dos casos, os consumidores são omnívoros e, por conseguinte, pertencem a vários níveis tróficos.

Os C2 e os C3 são predadores que capturam as suas presas ou parasitas animais.

b- Consumidores de carcaças de animais

Os necrófagos são espécies que se alimentam dos cadáveres de animais frescos ou em decomposição. Acabam muitas vezes o trabalho dos carnívoros. **Exemplo:** chacal, abutre, ...

5.3.1.3. Decompositores ou detritívoros

Os decompositores são os diferentes organismos e microrganismos que atacam os cadáveres e os excrementos e os decompõem progressivamente, fazendo com que os elementos contidos na matéria orgânica regressem progressivamente ao mundo mineral (SOTTIAUX, 2008 & FAURIE *ET AL,* 2012).

- **Saprófita:** organismo vegetal que se alimenta de matéria orgânica em decomposição. **Exemplo:** Cogumelos.

- **Saprófago:** Animal que se alimenta de matéria orgânica em decomposição. **Exemplo:** Bactérias.

- **Detritívoro:** Invertebrado que se alimenta de detritos ou detritos animais e/ou vegetais.

  Exemplo: Protozoários, minhocas, nemátodos, piolhos da madeira.

- **Coprófago:** Animal que se alimenta de excrementos.

Exemplo: Escaravelho do estrume.

Os produtores primários, os consumidores e os decompositores estão ligados por uma cadeia alimentar. O carácter cíclico da cadeia é assegurado pelos decompositores.

5.3.1.4. *Fixadores de azoto*

Ocupam uma posição especial na cadeia trófica. A sua nutrição azotada baseia-se no azoto molecular. Quanto ao carbono e à energia necessários à sua nutrição, utilizam matérias orgânicas mais elaboradas que retiram de certos detritos ou das raízes ou folhas dos autótrofos. São, portanto, autotróficos em termos de azoto e heterotróficos em termos de carbono (RAMADE, 2008). É o caso da Azotobacter na fixação não simbiótica e do Rhizobium na fixação simbiótica.

5.3.2. *Diferentes tipos de cadeias tróficas*

Existem três tipos principais de cadeias tróficas lineares (FISCHESSER & DUPUIS-TATE, 2007; SOTTIAUX, 2008 & RAMADE, 2009):

■ **Cadeia de predadores**

Nesta cadeia, o número de indivíduos diminui de um nível trófico para o outro, mas o seu tamanho aumenta (regra de Elton estabelecida em 1921).

Exemplo: (100) Produtores + (3) Herbívoros + (1) Carnívoros.

■ **Cadeia de parasitas**

Pelo contrário, a tendência é de organismos grandes para organismos mais pequenos mas cada vez mais numerosos (a regra de Elton não se aplica neste caso).

Exemplo: (50) Erva + (2) Mamíferos herbívoros + (80) Pulgas + (150) Leptomonas.

■ **Cadeia de alimentadores de detritos**

Da matéria orgânica morta a organismos cada vez mais pequenos (microscópicos) e numerosos (a regra de Elton não se verifica neste caso).

Exemplo: (1) Cadáver + (80) Nemátodos + (250) Bactérias.

5.3.3. *Representação gráfica das cadeias tróficas*

A estrutura das biocenoses é geralmente ilustrada através de pirâmides ecológicas, que correspondem à sobreposição de rectângulos horizontais com a mesma altura, mas com comprimentos proporcionais ao número de indivíduos, à biomassa ou à quantidade de energia presentes em cada nível trófico. São as chamadas pirâmides de número, de biomassa ou de energia (Figura 8).

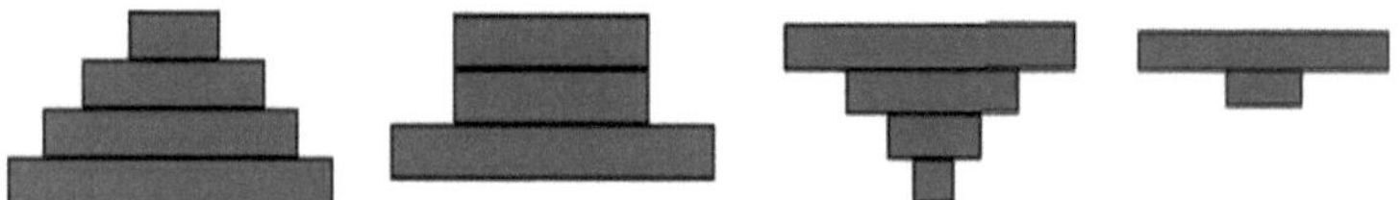

Figura 8. Vários diagramas de pirâmides ecológicas.

5.3.4. A teia alimentar

A teia alimentar é definida como um conjunto de cadeias alimentares interligadas num ecossistema, através das quais circulam a energia e a matéria. É também definida como o conjunto de relações tróficas existentes numa biocenose entre as várias categorias ecológicas de seres vivos que a compõem (produtores, consumidores e decompositores).

5.4. Transferência de energia e eficiência

5.4.1. Definições

- **Produtividade bruta (PB):** Quantidade de matéria viva produzida por unidade de tempo por um determinado nível trófico.

- **Produtividade líquida (NP) :** Produtividade bruta menos a quantidade de matéria viva degradada pela respiração.

  PN = PB - R.

- **Produtividade primária:** produtividade líquida dos autótrofos clorofilados.

- **Produtividade secundária:** produtividade líquida de herbívoros, carnívoros e decompositores.

5.4.2. Transferência de energia

As relações tróficas que existem entre os níveis de uma cadeia alimentar resultam em transferências de energia de um nível para outro.

- Uma parte da luz solar absorvida pela <u>planta</u> é dissipada sob a forma de calor.

- O restante é utilizado para a síntese de substâncias orgânicas (fotossíntese) e corresponde à Produtividade Primária Bruta **(PPB)** (BARBAULT, 2008 & TRIPLET, 2018).

- Parte de **(PB)** é perdida para Respiração **(R1)**.

- O restante é a produtividade primária líquida **(NP)**.

- Parte de **(PN)** é utilizada para aumentar a biomassa das plantas antes de cair nas mãos de bactérias e outros decompositores.

- O resto de **(PN)** é utilizado como alimento pelos <u>herbívoros</u>, que absorvem uma quantidade de energia ingerida **(I1)**.

- A quantidade de energia ingerida **(I1)** corresponde ao que é efetivamente utilizado ou assimilado **(A1)** pelo herbívoro, mais o que é rejeitado (não assimilado) **(NA1)** sob a forma de excrementos e resíduos: **I1= A1+ NA1**

- A fração assimilada **(A1)** é utilizada, por um lado, para a produtividade secundária **(PS1)** e, por outro, para as despesas respiratórias **(R2)**.

- O mesmo raciocínio pode ser aplicado aos <u>carnívoros</u>.

^{erèmeème}Assim, do sol para os consumidores (de 1, 2 ou 3 ordem), a energia flui de nível trófico para nível trófico, diminuindo a cada transferência de um elo para outro. É o que se designa por fluxo de energia. O fluxo de energia através de um determinado nível trófico corresponde à energia total assimilada a esse nível, ou seja, a soma da produtividade líquida e das substâncias perdidas através da respiração.

No caso dos produtores primários, este fluxo é: **PB = PN + R1.**

O fluxo de energia através do nível trófico dos herbívoros é: **A1 = PS1 + R2.**

Quanto mais nos afastamos do produtor primário, menor é a produção de matéria viva (Figura 9).

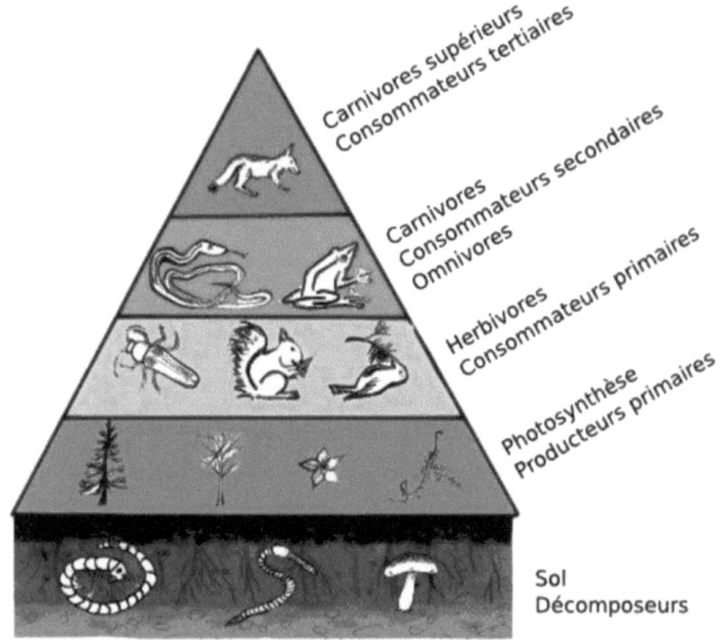

Figura 9. Biomassa dos diferentes níveis de uma cadeia alimentar: a passagem de um nível alimentar para outro implica uma perda considerável de matéria.

5.4.3. Rendimentos

A energia é perdida em cada etapa do fluxo, do organismo comido para o organismo comedor e dentro de cada um deles. Podemos, portanto, caraterizar os diferentes organismos, do ponto de vista bioenergético, pela sua capacidade de reduzir essas perdas de energia (FAURIE *ET AL.*, 2012). Esta capacidade é avaliada através do cálculo dos rendimentos:

- **Rendimento ecológico:** É a relação entre a produção líquida do nível trófico de grau (n) e a produção líquida do nível trófico de grau (n-1): **(PS1/PN x 100)** ou **(PS2/PS1 x 100)**.

- **Eficiência de exploração:** É a relação entre a energia ingerida **(I)** e a energia disponível. É a produção líquida da presa: **(I1/PN x 100)** ou **(I2/PS1x 100)**.

- **Rendimento líquido da produção:** É a relação entre a produção líquida e a energia assimilada:

(PS2/A2x100) ou **(PS1/A1x100)** Este rendimento tem interesse para os criadores de gado, uma vez que exprime a capacidade de uma espécie produzir a maior quantidade possível de carne a partir de uma determinada quantidade de alimento.

5.4.4. Estabilidade do ecossistema

De acordo com TRIPLET (2018), os recursos disponíveis, regulados pelos factores físico-químicos do ambiente, controlam as cadeias tróficas desde os produtores até aos predadores. Esta é a teoria do controlo das comunidades pelos recursos (nutrientes), ou **controlo ascendente.**

Exemplo: A relação entre o teor de fosfato dos oceanos + a quantidade de plâncton + o tamanho dos peixes que dele se alimentam.

Por outro lado, o funcionamento de um ecossistema depende da predação exercida pelos níveis tróficos superiores sobre os níveis tróficos inferiores. **Trata-se de um controlo descendente.**

Exemplo: Efeito regulador de uma população de carnívoros (lobos) sobre uma população de presas (lebres).

Os dois controlos funcionam simultaneamente nos ecossistemas e podem ser complementares. A modificação humana de um nível trófico pode amplificar um ou outro dos dois controlos e conduzir à instabilidade do ecossistema.

Exemplos:

■ Aumento dos recursos de nutrientes (amplificação do controlo ascendente). Poluição orgânica da água ou eutrofização.
  Redução da abundância de um predador de topo (amplificação do controlo descendente). Caça e pesca.

5.4. Ciclos biogeoquímicos

Em todos os ecossistemas existe uma circulação de matéria, com moléculas ou elementos químicos que regressam constantemente ao seu ponto de partida, o que pode ser descrito como cíclico, ao contrário das transferências de energia. A passagem alternada de elementos ou moléculas entre o meio inorgânico e a matéria viva é conhecida como ciclo biogeoquímico. Este ciclo corresponde a um **ciclo biológico** (um ciclo interno ao ecossistema que corresponde às trocas entre organismos) ao qual se junta um **ciclo geoquímico** (um ciclo de grande escala que pode afetar toda a biosfera e diz respeito ao transporte no meio não vivo) (RAMADE 2008 ; RAVEN *ETAL.,* 2009 & TRIPLET, 2018).

Existem três tipos principais de ciclos biogeoquímicos:

• O ciclo da água.

• O ciclo dos elementos com uma fase predominantemente gasosa (carbono, oxigénio, azoto).

• O ciclo dos elementos com uma fase predominantemente sedimentar (fósforo, potássio, etc.).

5.5.1. O ciclo da água

O ciclo da água consiste numa troca de água entre os diferentes compartimentos da Terra: a hidrosfera, a atmosfera e a litosfera (Figura 10).

Sob o efeito do calor do sol, a água dos mares, rios e lagos evapora-se. A **evapotranspiração** também desempenha um papel importante no ciclo da água. É acelerada pelas plantas, que transpiram grandes quantidades de água através da sua folhagem. Além disso, as suas raízes aceleram o movimento ascendente da água no sentido solo-atmosfera. Esta água chega depois à atmosfera sob a forma de vapor de água (nuvens).

As nuvens são impulsionadas pelo vento. Quando atravessam regiões frias, o vapor de água condensa-se (BEAUX, 2004; MUSY, 2005; PARCEVAUX & HUBER, 2007 & UNESCO, 2017). Cai no solo sob a forma de chuva, neve ou granizo. 7/9 do volume total desta precipitação cai na superfície dos oceanos e apenas 2/9 nos continentes. A água circula na litosfera de três formas:

■ **Escoamento:** fenómeno de escoamento da água sobre a superfície do solo.

■ **Infiltração:** fenómeno de penetração da água no solo através de fissuras naturais no solo e nas rochas, alimentando assim o lençol freático.

■ **Percolação:** o fenómeno de migração da água através do solo (até ao lençol freático).

O escoamento, a infiltração e a percolação alimentam os cursos de água que, por fim, devolvem a água à hidrosfera.

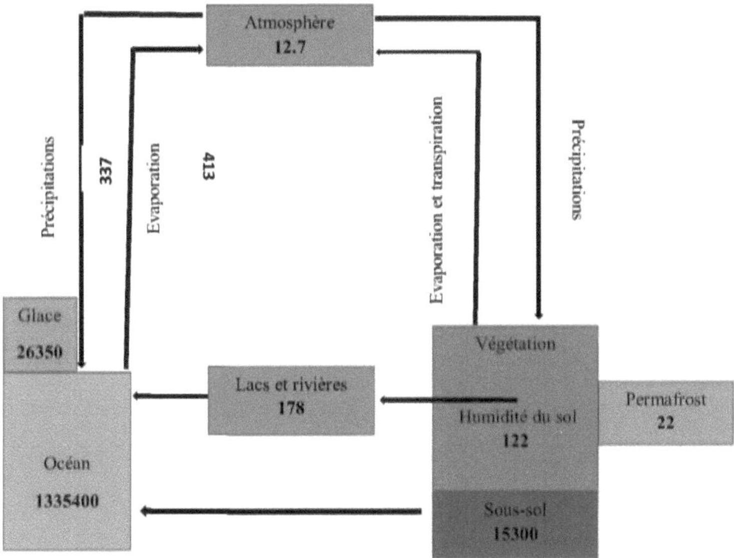

Figura 10. Ciclo global da água

(as existências estão em milhares de Km3 e os fluxos em milhares de Km3 por ano).

5.5.2. O ciclo do carbono

Durante a respiração, os organismos vivos consomem oxigénio e libertam dióxido de carbono (CO_2) para a atmosfera. Do mesmo modo, a indústria e os veículos de transporte libertam CO_2 para a atmosfera depois de queimarem combustível na presença de oxigénio. As erupções vulcânicas são também consideradas uma fonte natural de CO_2. O CO2 é absorvido pelas plantas (fotossíntese) e pela água (dissolução). A fotossíntese e a dissolução são os fenómenos que permitem a reciclagem do dióxido de carbono (Figura 11).

Após a fotossíntese, o carbono combina-se com outros elementos para formar moléculas complexas que, após a morte da planta, são muito lentamente decompostas em carvão. Quando queimados, estes combustíveis fósseis voltam a formar CO_2.

O CO_2 do ar e o CO_2 dissolvido na água são a única fonte de carbono inorgânico a partir do qual são produzidas todas as substâncias bioquímicas que constituem as células vivas (através da assimilação da clorofila).

Durante a respiração dos autótrofos, heterótrofos e vários outros organismos, o dióxido de carbono é libertado ao mesmo tempo que o oxigénio é consumido.
o CO_2 também é libertado durante a fermentação, o que leva à decomposição parcial dos substratos em condições anaeróbicas.

Nos solos, o ciclo do carbono abranda frequentemente: a matéria orgânica não é totalmente mineralizada, mas transformada num conjunto de compostos orgânicos ácidos (ácidos húmicos). Nalguns casos, a matéria orgânica não é totalmente mineralizada e acumula-se em várias formações sedimentares. Esta situação conduz a uma estagnação e mesmo a um bloqueio do ciclo do carbono. É o que acontece atualmente com a formação de turfa ou, no passado, com a formação de grandes depósitos de carvão, petróleo e outros hidrocarbonetos fósseis.

No entanto, estamos a produzir demasiado dióxido de carbono e a nossa Terra já não é capaz de o reciclar. O nível de CO_2 na atmosfera está a aumentar e o clima está a aquecer. Isto deve-se ao facto de o CO_2 na atmosfera reter o calor do sol que torna possível a vida na Terra. Este fenómeno é conhecido como efeito de estufa. Ao aumentar a concentração de CO_2 na atmosfera, o equilíbrio do nosso ecossistema é afetado. O clima aquece e isso pode ter consequências graves para a vida na Terra: as calotas polares podem derreter e aumentar o nível do mar em determinados pontos, provocando inundações, um aumento das condições meteorológicas extremas como tempestades, maremotos, secas, etc. (CAMPBELL & REECE, 2007; BARBAULT, 2008; RAMADE, 2008; RAVEN *ET AL,* 2009 & UNESCO, 2017).

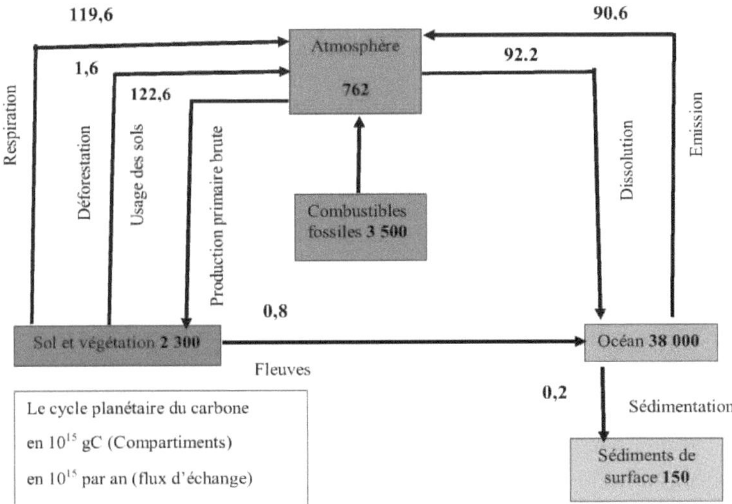

Figura 11. Ciclo global do carbono.

5.5.3. O ciclo do fósforo

Apesar da escassez de fósforo mineral na biosfera, este elemento continua a ser importante para a matéria viva (é um constituinte do ADN, do ARN e do ATP). O seu principal reservatório é constituído por diversas rochas que cedem progressivamente os seus fosfatos aos ecossistemas.

No ambiente terrestre, a concentração de fósforo assimilável é frequentemente baixa e actua como um fator limitante. Este fósforo circula por lixiviação (ou erosão) e dissolução e é assim introduzido nos ecossistemas terrestres onde é absorvido pelas plantas. As plantas incorporam-no depois em diversas substâncias orgânicas, transmitindo-o através da cadeia alimentar. Os fosfatos orgânicos são depois devolvidos ao solo com os cadáveres, os resíduos e os excrementos produzidos pelos organismos vivos, atacados por microrganismos e transformados de novo em ortofosfatos minerais, que voltam a estar disponíveis para as plantas verdes e outros autótrofos.

O fósforo é introduzido nos ecossistemas aquáticos pelas águas de escoamento. Esta água flui depois para os oceanos, permitindo o desenvolvimento do fitoplâncton e dos animais dos vários elos da cadeia trófica.

As bactérias e os fungos convertem o fósforo de um estado orgânico para um estado inorgânico.

Um retorno parcial de fosfatos dos oceanos para a terra ocorre através de aves marinhas **piscívoras** ou **comedoras de peixe**, através de depósitos de guano.

No entanto, nos oceanos, o ciclo do fósforo implica perdas, uma vez que uma grande parte dos fosfatos arrastados para o mar está imobilizada em sedimentos profundos (fragmentos de carcaças de peixes não consumidos pelos detritívoros e decompositores). Quando não existem correntes ascendentes que permitam a subida da água à superfície, a escassez de fósforo é um fator limitante. O ciclo do fósforo é, portanto, incompleto e aberto. Devido à sua escassez e a estas perdas no ciclo, o fósforo é o principal fator limitante que controla a maior parte da produção primária (CAMPBELL & REECE, 2007; RAMADE, 2008 & TRIPLET, 2018).

5.5.3. *O ciclo do azoto*

O principal reservatório de azoto é a atmosfera, que contém 79% em peso. A formação de nitratos inorgânicos está constantemente a ocorrer na atmosfera como resultado de descargas eléctricas durante as trovoadas. Mas desempenha apenas um papel secundário em relação ao dos microrganismos nitrificantes. Estes últimos são principalmente bactérias, quer de vida livre (Azotobacter, Clostridium, Rhodospirillum) quer simbióticas (Rhizobium). No meio aquático, são sobretudo as cianofíceas (algas azuis-verdes) que fixam o azoto gasoso (Figura 12).

O azoto nítrico produzido por estes numerosos microrganismos terrestres ou aquáticos é finalmente absorvido pelas plantas, levado para as folhas e convertido em amoníaco por uma enzima específica, a nitrato redutase. O amoníaco é então transformado em azoto aminado e depois em proteínas.

As proteínas e outras formas de azoto orgânico contidas nos cadáveres, nos excrementos e nos resíduos orgânicos são atacadas por microrganismos biorredutores (bactérias e fungos) que produzem a energia de que necessitam através da decomposição deste azoto orgânico, que é depois transformado em amoníaco, um processo conhecido como amonificação.

Parte deste azoto amoniacal pode ser absorvido diretamente pelas plantas, mas também pode ser utilizado pelas bactérias nitrificantes (Nitrosomonas) para produzir energia metabólica. Estas bactérias transformam o amoníaco NH_4 em nitrito, NO_2, o que é conhecido como nitritação, e depois as Nitrobacter transformam-no em NO_3, o que é conhecido como nitração. O ião nitrato NO_3 é então absorvido pelas plantas.

O azoto regressa constantemente ao ar através da ação de bactérias desnitrificantes (Pseudomonas), capazes de decompor o ião NO_3 em N_2, que se volatiliza e regressa ao ar; felizmente, porém, estas bactérias desempenham apenas um papel secundário.
Uma parte significativa dos nitratos pode ser lixiviada por escoamento superficial e levada para o mar. O azoto pode então ser imobilizado por incorporação em sedimentos profundos. No entanto, é largamente absorvido pelos organismos fitoplanctónicos e entra numa cadeia alimentar que conduz às aves que, através dos seus excrementos, o devolvem ao meio terrestre sob a forma de guano (RAMADE, 2009; FAURIE *ET AL,* 2012; TIRARD *ET AL,* 2016 & TRIPLET, 2018).

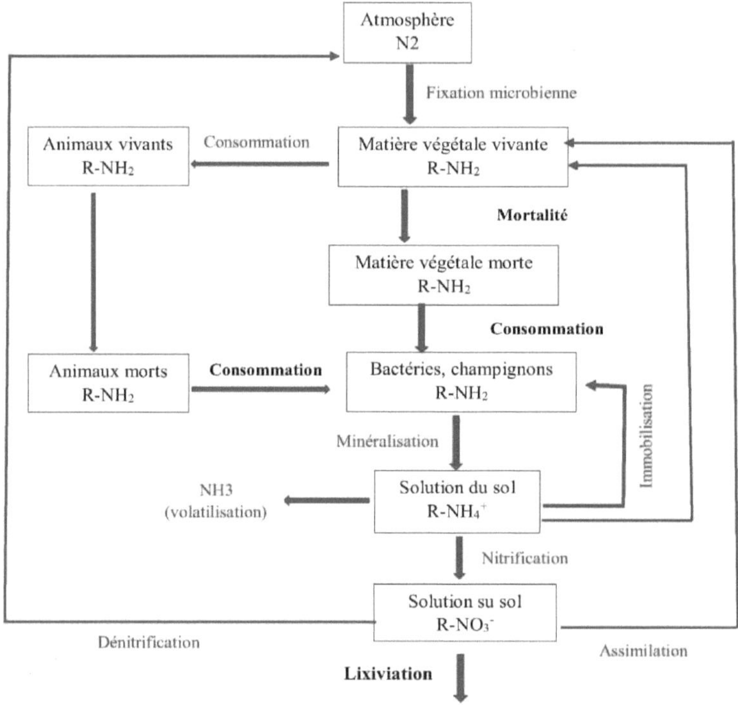

Figura 12. O ciclo do azoto nos ecossistemas terrestres.

5.6. Impactos das actividades humanas no equilíbrio dos ecossistemas

O impacto da atividade humana nos meios naturais tem frequentemente repercussões negativas em vários tipos de ecossistemas. Estes podem estar sujeitos a desequilíbrios ecológicos de gravidade variável, em função da escala da atividade antropogénica. Atualmente, a grande maioria dos ecossistemas e, por conseguinte, toda a biosfera, estão sujeitos a uma pressão antropogénica sem precedentes. Os impressionantes avanços tecnológicos trouxeram muitos benefícios à vida humana, mas também tiveram repercussões adversas na natureza, como a poluição, a redução da biodiversidade e a disfunção e o desaparecimento de muitos ecossistemas terrestres e aquáticos.

5.6.1. Poluição dos ecossistemas aquáticos

A poluição da água é, sem dúvida, um dos aspectos mais preocupantes da crise ambiental mundial. Esta poluição provém de descargas urbanas e industriais, mas também de fontes difusas de contaminação dispersas por vastos territórios. A crise da água está em curso há muito tempo e está a agravar-se, afectando tanto os países industrializados como os países do Terceiro Mundo.

A responsabilidade por esta poluição é atribuída às emissões urbanas e industriais, bem como a fontes difusas de contaminação espalhadas por vastos territórios (RAMADE, 2005; KHALED-KHODJA, 2016 & UNESCO, 2017).

5.6.2. Poluição atmosférica

Os gases, líquidos ou sólidos, presentes na atmosfera estão presentes a níveis suficientemente elevados para causar danos aos seres humanos e a outros organismos e materiais. Embora os poluentes atmosféricos sejam por vezes produzidos por fontes naturais, como um relâmpago que desencadeia um incêndio florestal ou a erupção de um vulcão, a poluição do ar é principalmente causada por actividades humanas que libertam todo o tipo de substâncias para a atmosfera.

É evidente que a degradação do ambiente causada pelo homem se deve principalmente à libertação intempestiva de várias substâncias para a atmosfera. Embora remonte à era da civilização industrial, a poluição atmosférica aumentou significativamente em todos os países desenvolvidos.

Devido ao aumento da produção industrial e do tráfego automóvel, o ar está cada vez mais poluído por fumos, gases tóxicos e outros poluentes.

Seria inútil tentar atribuir este aumento da poluição atmosférica a um tipo específico de atividade industrial ou a uma tecnologia moderna particular. Na verdade, ele resulta de vários factores que definem a civilização moderna: o aumento da produção de energia, a indústria metalúrgica, o tráfego rodoviário e aéreo, as tonelagens de resíduos incinerados, todos eles com uma participação significativa neste fenómeno. (DELMAS *ETAL,* 2007 & RAVEN *ETAL.,* 2009).

5.6.2.1. O buraco na camada de ozono

O ozono (O3) é um composto de oxigénio poluído pelas actividades humanas na troposfera, mas é também um elemento natural essencial na estratosfera que rodeia o nosso planeta, a altitudes entre 17 e 50 km (RAVEN *ETAL.,* 2009).

Embora o ozono esteja presente em todo o ar, é na estratosfera que se encontra em concentrações elevadas, formando a "camada" ou ecrã de ozono. Esta camada detém a maior parte das radiações ultravioletas, nomeadamente as de comprimento de onda mais curto (as mais nocivas). Os continentes cobertos por seres vivos foram colonizados graças à função protetora deste ecrã (BOVET *ET AL,* 2008 & RAMADE, 2012).

Outras reacções químicas libertam então o cloro, que se metamorfoseia em outras moléculas de ozono num ciclo catalítico interminável (CAMPBELL & REECE, 2007). Além disso, a destruição da camada de ozono pode ter consequências graves para a vida na Terra: aumento das cataratas, do cancro da pele e enfraquecimento do sistema imunitário. Os ecossistemas podem ser afectados se os níveis de UV aumentarem.

5.6.2.2. Chuva ácida

A poluição atmosférica tem um impacto dramático à escala continental, nomeadamente devido à propagação das chuvas ácidas, que afectam atualmente quase todo o hemisfério norte. As consequências para os ecossistemas continentais, aquáticos e florestais são enormes (BEAUX, 2004). A chuva ácida ocorre quando o teor de água da precipitação é anormalmente elevado em comparação com o de ambientes não poluídos. A acidez destas chuvas deve-se essencialmente a dois poluentes atmosféricos, 70% de dióxido de enxofre (SO2), produzido em abundância pelas centrais eléctricas a carvão e pelas indústrias metalúrgica e da pasta e do papel, e 30% de óxidos de azoto (NOx), provenientes principalmente da combustão e dos gases de escape.

Estes gases misturam-se com a humidade atmosférica para produzir ácido sulfúrico e ácido nítrico, respetivamente. Os ácidos orgânicos também podem ser produzidos durante as reacções de oxidação dos hidrocarbonetos.

A chuva, a neve ou a condensação (orvalho) depositam então estes ácidos na terra, que tem um pH inferior ao pH natural de 5,6 (BEAUX, 2004; CAMPBELL & REECE,

2007; DELMAS *ET AL.,* 2007). A chuva ácida causa danos ecológicos consideráveis. É responsável pela acidificação de muitos lagos e rios. A acidificação das massas de água leva a uma redução significativa da vida aquática, a uma redução da complexidade das redes alimentares e, a longo prazo, pode causar a morte ecológica do lago.

Outro aspeto preocupante das chuvas ácidas é a deterioração significativa das florestas boreais e temperadas. As coníferas são as primeiras a ser afectadas pelos danos, com as suas agulhas, que permanecem verdes durante todo o ano, a ficarem amarelas e a caírem. A árvore, conífera ou caducifólia, perde progressivamente as suas folhas, seca e morre de pé (BEAUX, 2004 & RAVEN *ETAL.,* 2009). A acidificação dos solos provoca a perda de nutrientes (Ca, Mg, K, etc.) e o abrandamento da atividade dos decompositores (microfauna e microflora), o que leva a uma carência de minerais.

Isto inibirá o crescimento das plantas. Além disso, um ambiente ácido favorece a concentração e a dissolução de metais pesados, como o alumínio, o que pode levar ao envenenamento das raízes (BEAUX, 2004; DELMAS *ETAL.,* 2007 & RAVEN *ETAL.,* 2009).

5.6.2.3. Efeito de estufa

O efeito de estufa é um mecanismo natural que aquece a atmosfera através da absorção dos raios solares pelos gases atmosféricos. Na estratosfera, o ozono é responsável pela absorção de uma fração da radiação ultravioleta, enquanto parte da luz visível (incidente) é reflectida para o espaço pela atmosfera ou pela superfície da Terra. A energia perdida ou reflectida é conhecida como albedo.

Cerca de metade da energia solar absorvida pela superfície da Terra é absorvida. Através da radiação, a Terra tem de perder energia para manter o seu equilíbrio térmico. Por conseguinte, irradia a energia recebida, mas numa gama de comprimentos de onda diferente (infravermelhos térmicos invisíveis) da da luz solar, que está presente principalmente na gama do visível.

Pouca luz solar é absorvida pela atmosfera, enquanto a maior parte da radiação infravermelha reemitida pela Terra é absorvida pela atmosfera. Esta retenção da radiação térmica pela atmosfera constitui o efeito de estufa natural da Terra. É graças a este efeito que a temperatura média da superfície da Terra é de 15°C; sem ele, seria de -18°C (BEAUX, 2004; CHEMERY, 2004; VALLEE, 2004; DELMAS *ET AL.,* 2007 & RAMADE, 2012).

Conclusão

Os organismos vivos consomem recursos cuja natureza química é frequentemente muito diferente da sua. Em particular, os teores relativos de elementos como a **água, o carbono**, o **azoto**, o **oxigénio** e **o fósforo** variam ao longo da cadeia trófica, incluindo a decomposição de matéria morta. Estas variações na composição elementar entre organismos e entre níveis tróficos criam constrangimentos que exigem respostas evolutivas fisiológicas, comportamentais e demográficas.

Conclusão geral

Uma das tarefas históricas da ecologia é analisar as causas, as condições e os mecanismos pelos quais o mundo vivo se diversifica, bem como as interações desta mudança com o ambiente físico e químico.

Este domínio de investigação está atualmente em plena expansão devido às questões que se colocam na sequência do desaparecimento rápido de um grande número de espécies. As questões são vastas: a biodiversidade é importante? Desempenha um papel na regulação do nosso ambiente e da sua capacidade de produzir recursos renováveis? Existe um limiar de biodiversidade abaixo do qual não podemos descer, sob pena de degradação dos ecossistemas?

A questão da biodiversidade das comunidades - a diversidade das espécies e das suas ligações, a diversidade das teias alimentares - reveste-se hoje de uma importância capital por razões sociológicas e éticas, mas também devido à ligação direta entre a biodiversidade e certos aspectos funcionais dos ecossistemas, a produtividade e a estabilidade.

A determinação das áreas de diversidade máxima e a compreensão dos mecanismos que determinam os níveis de diversidade podem ajudar a prever e a gerir a biodiversidade futura.

"A ecologia é também, e sobretudo, um problema cultural. O respeito pelo ambiente exige um grande número de mudanças de comportamento.

Nicolas Hulot

Referências

- **BARBAULT R. 2008**. Ecologie générale. [eme] Estrutura e funcionamento da biosfera. 6ª edição DUNOD.

- **BEAUX J.-F. 2004**. L'environnement. Nathan Éd., França. 160 p. - Beaux, 2004;

- **BOVET P., REKACEWICZ P., SINAÏ A. & VIDAL D. 2008**. L'Atlas de l'environnement.
Éd. Armond Colin, Paris. 103 p.

- **CAMPBELL N. & REECE J. 2007**. Biologia. 7ª ed. Pearson Éducation France, 1334 p.

- **CHAPIN III F.S., MATSON P. & VITOUSEK P.M. 2012.** [nd]Princípios de ecologia de ecossistemas terrestres. 2 edição. *Springer*.

- **CHEMERY L. 2004**. Pequeno atlas dos climas. Pequena Enciclopédia, Larousse. 128 p. - Chémery, 2004;

- **COUDURIER C., BOURGOGNE A. & TOUSSAINT H. 2012**. Guide pédologique, les sols. Alterre Bourgogne, França. 32 p.

- **DACHIN E., GIRALDEAU L.A. & CEZILLY F. 2005.** Ecologie comportementale. Cours et question de reflexion. Dunod.

- **DAJOZ R. 2006**. [eme]Précis d'Ecologie. 8 edição. Edição Dunod. 631p.

- **DE PARCEVAUX S. & HUBERT L. 2007**. Bioclimatologia: Conceitos e aplicações. Coleção Synthèses (INRA), Editions Quae, 324 p.

- **DELMAS R., CHAUZY S., VERSTRAETE J-M. & FERRE H. 2007**. Atmosfera, Oceano e Clima. Éd. Belin, Paris. 287 p.

- **EL ABOUDI A. 2014**. Écologie générale " Écologie végétale ". Universidade Mohamed V- Agdal, Faculdade de Ciências, Rabat. 124 p.

- **FAURIE C., FERRA C., MEDORI P., DEVAUX J. & HEMPTINNE J.L. 2011.** : [eme]Ecologia: Abordagem científica e prática. 5 edição. Edição Lavoisier. 407p.

- **FISCHESSER B. & DUPUIS-TATE M-E. 2007.** O guia ilustrado da ecologia. QUAE Éd., França. 350 p.

- **FRONTIER S., PICHOD-VIALE D., LEPRETRE A., DAVOULT D. & LUCZAK C. 2008**. Ecosystèmes, Structure, Fonctionnement, Évolution. 4 [eme]Éd. Dunod, Paris. 576 p.

- **GREULICH S. 2016**. Écologie - mise à niveau. École polytechnique de l'Université de Tours, Département d'Aménagement et Environnement. UMR CNRS (IPAPE). 102p.

- **KHALED-KHODJA S. 20i6**. Avaliação da qualidade físico-química dos resíduos antrópicos (urbanos, agrícolas e industriais) no Golfo de Annaba. Tese de doutoramento, Universidade de Annaba. 186 p.

- **LACOSTE A. & SALANON R. 2006**. Elementos de biogeografia e ecologia. 2ª ed. Armand Colin, Paris. 318 p.

- **MACKENZI A., BALL A. S. & VIRDEE S. R. 2000**. O essencial da ecologia. Berti Éd. Paris, 368 p.

- **MUSY A. 2005**. Curso de hidrologia geral, resumo do capítulo 1. École Polytechnique Fédérale de Lausanne, França. 4 p.

- **RAMADE F. 2003**. Éléments d'Écologie, Écologie fondamentale. 3ª ed. Dunod, Paris. 690 p.

- **RAMADE F. 2005**. Éléments d'Écologie, Écologie appliquée. 6ª ed. Dunod, Paris. 864 p.

- **RAMADE F. 2008.** Dicionário enciclopédico de ciências naturais e biodiversidade. Dunod Éd. Paris, 726 p.

- **RAMADE F. 2009**. Éléments d'Écologie, Écologie fondamentale. 4ª ed. Dunod, Paris. 689 p.

- **RAMADE F. 2012**. Éléments d'Écologie, Écologie appliquée : action de l'homme sur la biosphère. 7ª ed., Paris. 791 p.

- **RAVEN P.H., BERG L. R. & HASSENZAHL D. M. 2009**. Ambiente. Universidade De Boeck, Bruxelas. 687 p.

- **SOTTIAUX B. 2008.** Cours d'écologie générale et appliquée, notes de cours. Cursos industriais e comerciais. Couillet, Bélgica. 31 p.

- **TIRARD C., ABBADIE L., LALOI D. & KOUBBI PH. 2016**. Ecologie, Licence, Master & CAPES. DUNOD, 11, rue Paul Bert, 92240 Malakoff. www.dunod.com.

- **TIRARD C., BARBAULT R., ABBADIE L. & LŒUILLE N. 2012.** Mini manuel d'écologie. Dunod Éd. Paris, 157 p. - Tirard et al, 2016

- **TRIPLET P. 2015.** Dicionário da diversidade biológica e da conservação da natureza. Baie de Somme, Grand Littoral Picard. França, 722 p.

-   **TRIPLET P. 2018**. Dicionário enciclopédico da diversidade biológica e da conservação da natureza. 4ª ed. Baie de Somme, Grand Littoral Picard. França, 1096 p.

-   **UNESCO, 2017**. Organização das Nações Unidas para a Educação, a Ciência e a Cultura.

2017, Kit educativo sobre biodiversidade. Vol. 1. UNESCO, Paris. 192 p

- **VALLEE J-L. 2004**. Techniguide de la Météo. Nathan Éd., Paris. 221 p.